BEI GRIN MACHT SICH IHR WISSEN BEZAHLT

Matthias Jüttner

Die World Reference Base for Soil Resources – WRB

Geschichte, Beschreibung, Anwendung

GRIN Verlag

Bibliografische Information der Deutschen Nationalbibliothek:

Die Deutsche Bibliothek verzeichnet diese Publikation in der Deutschen National-
bibliografie; detaillierte bibliografische Daten sind im Internet über http://dnb.d-
nb.de/ abrufbar.

Impressum:

Copyright © 2009 GRIN Verlag, Open Publishing GmbH
Druck und Bindung: Books on Demand GmbH, Norderstedt Germany
ISBN: 978-3-640-84283-4

Dieses Buch bei GRIN:

http://www.grin.com/de/e-book/167736/die-world-reference-base-for-soil-resources-
wrb

GRIN - Your knowledge has value

Der GRIN Verlag publiziert seit 1998 wissenschaftliche Arbeiten von Studenten, Hochschullehrern und anderen Akademikern als eBook und gedrucktes Buch. Die Verlagswebsite www.grin.com ist die ideale Plattform zur Veröffentlichung von Hausarbeiten, Abschlussarbeiten, wissenschaftlichen Aufsätzen, Dissertationen und Fachbüchern.

Besuchen Sie uns im Internet:

http://www.grin.com/

http://www.facebook.com/grincom

http://www.twitter.com/grin_com

Universität Augsburg
Institut der Geographie
Nebenfach: angew. Bodenkunde

Matthias Jüttner
Dipl. Geographie
Fachsemester 12

Hausarbeit im Seminar „Böden der Tropen und Subtropen"
Sommersemester 2009
-

Die World Reference Base for Soil Resources – WRB
-
Geschichte, Beschreibung, Anwendung

Inhaltsverzeichnis

Einleitung

Die fortschreitende Globalisierung der Erde wirkt sich in nahezu allen Bereichen des öffentlichen Interesses aus, sei es Politik, Wirtschaft, Tourismus oder Kultur. Dabei ist es unerlässlich dass eine gemeinsame Sprache gefunden wird um die Belange aller Beteiligten zunächst zu verstehen, und dann auch ausreichend befriedigen zu können. Im Bereich der Naturwissenschaften, wo viele oft komplizierte Sachverhalte durch Fachbegriffe kurz und knapp ausgedrückt werden, kann ein Fehlen dieser gemeinsamen Sprache zu groben Missverständnissen führen, die ein Vorankommen der Forschung erheblich bremsen können.

In der Bodenkunde haben sich in den letzten 30 bis 40 Jahren viele verschiedene,voneinander unabhängige Bodenklassifikationssysteme entwickelt, die zwar zum Teil Ähnlichkeiten aufweisen wie die Deutsche oder Österreichische Klassifikation, untereinander aber schwer vergleichbar sind. Ein weiteres System ist zum Beispiel die US-Soil Taxonomy der USDA (United States Department of Agriculture 2003) die im Vergleich der eben genannten deutschen Klassifikation der DBG (Deutsche Bodenkundliche Gesellschaft 2005) vollkommen andere Begrifflichkeiten und Klassifikationsparameter verwendet.

Anfang der 1970er Jahre hat die FAO (Food and Agriculture Organization of the United Nations) und die UNESCO (United Nations Educational, Scientific and Cultural Organization) dieses Problem erkannt, und den Versuch gestartet, die globale Erforschung der Böden zu einer Gemeinschaftsaufgabe aller Bodenkundler weltweit zu machen. Das erste Ergebnis war eine Weltbodenkarte (Soil Map of the World - FAO 1971-1981), die mit einer ganz neuen Nomenklatur alle Böden der Erde in einem international anwendbaren System beschreibt. Diese Weltbodenkarte war der Grundpfeiler des heute angewendeten internationalen Bodenklassifikationssystems WRB, die World Reference Base for Soil Resources. Die Entwicklungsgeschichte der WRB, der Aufbau des Klassifikationssystems und die genaue Anwendung zur Bestimmung von Böden ist Gegenstand der vorliegenden Arbeit.

1. Die Entwicklung der World Reference Base

1.1 Die Wurzeln der WRB

Die World Reference Base ist auf Grundlage zweier Systeme entstanden die über viele Jahre von unterschiedlichen Institutionen entwickelt und bearbeitet wurden. Die erste Wurzel ist die bereits erwähnte Legende zur Weltbodenkarte der FAO und UNESCO deren erste Auflage im Jahre 1974 veröffentlicht wurde. Damals umfasste sie noch 26 Bodengruppen. Die revidierte Auflage aus dem Jahr 1988 wurde dann auf 28 Bodengruppen erweitert (Abb.1). Die Intention der FAO zu dieser Karte war die immer weiter steigende Abhängigkeit der Länder der Erde voneinander was die Versorgung mit Nahrungsmitteln und Agrargütern betrifft. Mit einer einheitlichen Klassifikation sollte die Möglichkeit geschaffen werden bestehende Kulturflächen optimal zu nutzen und neue Flächen zu erschließen, um so die Ungleichverteilung der Welternährung zu regulieren.

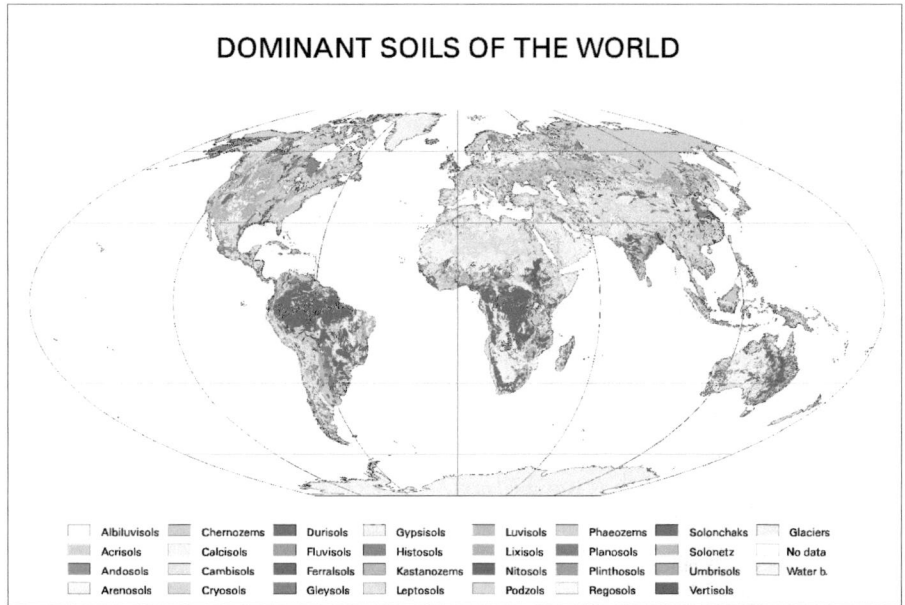

(Abb.1: FAO-UNESCO-Weltbodenkarte – Quelle: http://geo.bildungszentrum-markdorf.de)

Bereits acht Jahre vor Veröffentlichung der zweiten Auflage der Weltbodenkarte, im Jahr 1980, einigten sich die FAO, UNESCO, UNEP (United Nations Environment Programme) und die ISSS (International Society of Soil Sciences) darauf, das System der FAO wissenschaftlich einheitlich zu überarbeiten und so eine bessere Arbeitsgrundlage für Bodenkundler weltweit zu schaffen. Mit der Gründung der Arbeitsgruppe IRB (International Reference Base for Soil Classification) auf dem 12. Kongress der ISSS in Neu Delhi wurde diese Idee offiziell vorgestellt. Auf dem 14. ISSS Kongress in Kyoto im Jahr 1990 wurde die IRB dann in ihrer revidierten Form vorgestellt. Basis war die revidierte Form der Legende der FAO-Weltbodenkarte von 1988. Aus der Verknüpfung der beiden Systeme sollte nun ein neues eigenständiges System erarbeitet werden, und so wurde 1992 das Projekt WRB offiziell gestartet.

1.2 Die erste Auflage (1992-1998)

Zunächst wurde von der Arbeitsgruppe IRB beschlossen die IRB in WRB umzubenennen, folgerichtig wurde dann im Jahre 1994 auf dem 15. Kongress der ISSS in Acapulco die Arbeitsgruppe WRB ins Leben gerufen. Man einigte sich darauf als Grundlage für die WRB die 28 Bodengruppen der FAO-Weltbodenkarte zu benutzen, und diese nach den Klassifikationsrichtlinien der IRB zu bearbeiten. In der Zeit bis 1998 sollte diese neue Systematik eingehend diskutiert und in der Praxis getestet werden. Dafür wurden Tagungen und Exkursionen abgehalten, wie etwa 1995 in Deutschland, 1996 in Südafrika und 1997 in Argentinien. Die erste offizielle Auflage der WRB wurde dann schließlich 1998 auf dem 16. Kongress der ISSS in Montpellier vorgestellt. Der Text umfasste damals 30 Referenzbodengruppen. Die Terminologie der WRB wurde als offiziell empfohlenes System beschlossen und bekam ein acht Jahre währendes Änderungsverbot um die bestehende Nomenklatur weiter überprüfen zu können. Im Zuge des Kongresses wurde außerdem die ISSS in IUSS (International Union of Soil Sciences) umbenannt. Man trennte sich mit dem Ziel bis 2006 eine revidierte Fassung der WRB vorstellen zu können.

1.3 Die zweite Auflage (1998-2006)

Die Vorstellung der WRB schlug bei Bodenkundlern auf der ganzen Welt hohe Wellen. Nachdem sie als offizielle Referenznomenklatur eingeführt wurde folgten bald Übersetzungen in 13 Sprachen, sowie in manchen Ländern sogar die Umstellung auf die WRB als oberste Hierarchieebene der Bodenklassifikation (z.B. Italien und Mexico). 2001 veröffentlichte die FAO ein Lehrbuch und eine CD-ROM zur WRB (FAO 2001), ein Jahr später stellte die ISRIC (International Soil Reference and Information Centre) ihre Karte der Weltbodenressourcen vor (Abb.2, ISRIC 2002).

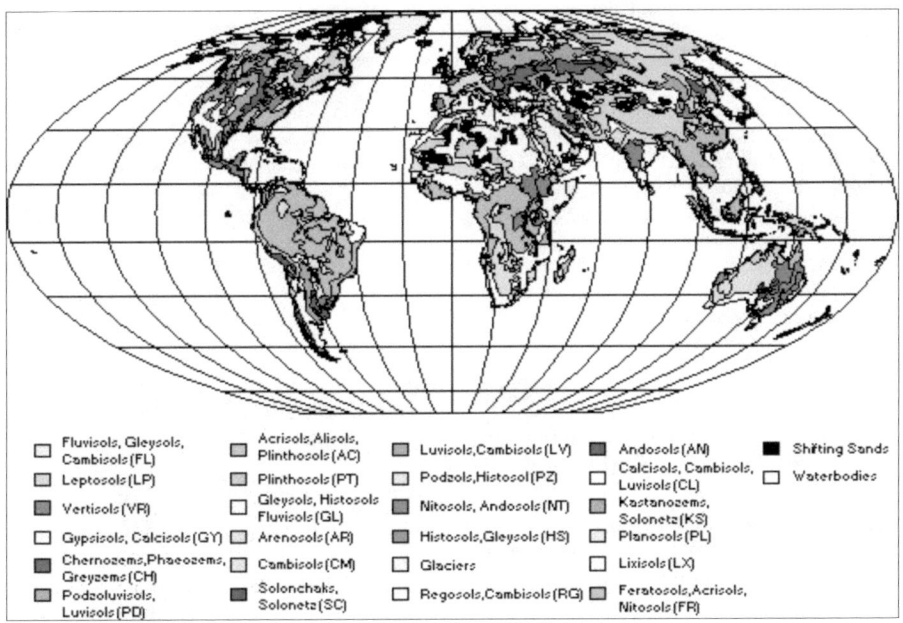

(Abb.2: Karte der Weltbodenressourcen – ISRIC 2002 - Quelle: http://www.iiasa.ac.at)

Einen umfassenden Überblick über die Böden Europas ließ im Jahre 2005 die Europäische Kommission mit ihrem „Soil Atlas of Europe" (EC 2005) folgen. Im gleichen Jahr wurde ein WRB-Internetforum gegründet, und Websites sowie ein Newsletter sorgten für einen weltweiten und schnellen Austausch von Informationen und Erfahrungsberichten. Zwei Tagungen und zahlreiche Exkursionen trieben die Überarbeitung der WRB weiter an bis auf dem 18. Kongress der IUSS 2006 in Philadelphia schließlich die zweite und revidierte Auflage der WRB vorgestellt werden konnte. Zu den Referenzbodengruppen wurden die Technosole und Stagnosole hinzugefügt, so dass diese nun 32 Bodengruppen umfassen. Verfeinert wurde die Klassifikation durch die Einführung von zwei Gruppen von Qualifiern, statt vorher nur einer einheitlichen Qualifier-Gruppe (siehe Kap.2.3). Abschließend wurden in Philadelphia auch noch die allgemeingültigen Grundsätze der WRB beschlossen die im Originaltext detailliert nachgelesen werden können (FAO 2006 – deutsche Fassung 2007, S. 3-4). Nennen möchte ich davon hier nur den Aufbau der WRB als ein System mit 2 Klassifizierungsebenen, welche im folgenden Teil dieser Arbeit genauer beschrieben werden sollen.

2. Aufbau – Das 2-Ebenen-System der WRB

2.1 Das Referenzsystem – 1. Ebene der WRB

Die erste Betrachtung bei der Bodenklassifikation nach WRB gilt den 32 Referenzbodengruppen (Reference Soil Groups – RSGs). Diese werden bestimmt durch die beherrschenden Prozesse die ihrerseits die beherrschenden Merkmale des Bodenprofils bedingen. Dabei muss erwähnt werden dass die WRB ein Merkmalssystem ist, dass also bei der Klassifikation die bodenbildenden Prozesse nicht als differenzierende Einteilungskriterien verwendet werden. Im Klartext heißt dies, dass die Person welche die Klassifizierung vornimmt zwar die Merkmale erkennen, die Prozesse die zu ihrer Entstehung führen aber nicht im Detail verstehen muss. Allein das Vorhanden- oder Nichtvorhandensein bestimmter Parameter ist entscheidend.

Die RSGs lassen sich in Gruppen einteilen die sich nach den deutlichsten Prozessen, die bei der Entstehung der Böden beteiligt waren, gliedern lassen. Diese Prozesse bezeichnet man auch als „dominante Identifikatoren". Mit ihrer Hilfe kann man die Referenzbodengruppen in einem vereinfachten Schlüssel darstellen und vorab bei der Bestimmung einzelne RSGs ausschließen (Tab.1). Beispielsweise wird mit der ersten Frage nach mächtigen organischen Lagen gleich zu Beginn die klare Trennung zwischen

organischen und mineralischen Böden gemacht, im zweiten Schritt zwischen natürlichen und anthropogenen Böden, usw. Die genauen Erklärungen für die Wahl der weiteren dominanten Identifikatoren finden sich in der WRB (FAO 2006 – deutsche Fassung 2007, S.5).

Vereinfachter Schlüssel zu den WRB-Referenzbodengruppen	
1. Böden mit mächtigen organischen Lagen:	Histosole
2. Böden mit starkem menschlichem Einfluss	
Böden mit langer und intensiver ackerbaulicher Nutzung:	Anthrosole
Böden mit vielen Artefakten:	Technosole
3. Böden mit eingeschränktem Wurzelraum durch flachgründig anstehenden Permafrost oder hohen Grobbodenanteil	
Durch Eis beeinflusste Böden:	Cryosole
Flachgründige oder extrem skelettreiche Böden:	Leptosole
4. Durch Wasser beeinflusste Böden	
Alternierende Nässe und Trockenheit, reich an quellfähigen Tonen	Vertisole
Flussauen, Gezeitenbereiche:	Fluvisole
Alkaliböden:	Solonetze
Salzanreicherung durch Evaporation:	Solonchake
Grundwasserbeeinflusste Böden:	Gleysole
5. Durch die Fe/Al-Chemie geprägte Böden	
Allophane oder Al-Humus-Komplexe:	Andosole
Cheluviation und Chilluviation:	Podzole
Akkumulation von Fe unter hydromorphen Bedingungen:	Plinthosole
Tonminerale geringer Aktivität, P-Fixierung, gut entwickeltes Bodengefüge:	Nitisole
Dominanz von Kaolinit und Sesquioxiden:	Ferralsole

(Tab.1: Vereinfachter Schlüssel zu den Referenzbodengruppen – FAO2006)

6. Böden mit Stauwassereinfluss	
Abrupter Bodenartenwechsel:	Planosole
Wechsel in der Struktur oder mäßiger Wechsel in der Bodenart:	Stagnosole
7. Akkumulation organischer Substanz, hoher Basenstatus	
Typischer mollic:	Chernozeme
Übergang zum trockeneren Klima:	Kastanozeme
Übergang zum feuchteren Klima:	Phaeozeme
8. Akkumulation von weniger leicht löslichen Salzen oder Nicht-Salzen	
Gips:	Gypsisole
Siliciumdioxid:	Durisole
Calciumcarbonat:	Calcisole
9. Böden mit tonreicherem Unterboden	
Albeluvic Tonguing:	Albeluvisole
Niedriger Basenstatus, Tonminerale mit hoher KAK:	Alisole
Niedriger Basenstatus, Tonminerale mit geringer KAK:	Acrisole
Hoher Basenstatus, Tonminerale mit hoher KAK:	Luvisole
Hoher Basenstatus, Tonminerale mit geringer KAK:	Lixisole
10. Relativ junge Böden oder Böden mit geringer oder gar keiner Profildifferenzierung	
Mit saurem dunklem Oberboden:	Umbrisole
Sandige Böden:	Arenosole
Mäßig entwickelte Böden:	Cambisole
Böden ohne markante Profildifferenzierung:	Regosole

(Tab.1: Fortsetzung – Vereinfachter Schlüssel zu den RSGs – FAO 2006)

Um nun eine RSG nach WRB-Schlüssel zu bestimmen zieht man Merkmalskombinationen heran die im Bodenprofil erkannt werden können. Diese Merkmale werden als „diagnostische Horizonte, Eigenschaften und Materialien" bezeichnet (FAO 2006 – Kapitel 2). Sie spiegeln typische durch Bodenbildung entstandene Merkmale wieder. Diagnostische Horizonte müssen eine bestimmte Mächtigkeit erreichen um herangezogen werden zu können. Diagnostische Materialien sind auffällige Komponenten im Bodenprofil die bodenbildende Prozesse nachdrücklich beeinflussen können. Die diagnostischen Parameter sind die Grundlage der RSG-Bestimmung und somit der ersten Ebene der WRB Klassifikation.

2.2 Qualifier und Specifier – 2. Ebene der WRB

Auf zweiter Klassifikationsebene werden die RSGs durch die Kombination mit Qualifiern noch weiter differenziert und verfeinert. Des weiteren können die Qualifier durch den Zusatz eines Specifier ihrerseits noch genauer beschrieben werden. Qualifier beschreiben untergeordnete Prozesse welche die typischen Merkmale der RSGs grundlegend verändert haben. Im Bestimmungsschlüssel der RSGs werden den einzelnen Bodengruppen bereits diejenigen Qualifier zugeordnet die möglicherweise auftreten können um die Überprüfung zu erleichtern. Es nicht zulässig Qualifier in Kombination zu benutzen welche die gleichen oder ähnliche Veränderungen beschreiben, um die Ansprache des Bodens nicht unnötig kompliziert zu gestalten.
Seit der zweiten Auflage der WRB ist das Qualifier-System in zwei Gruppen unterteilt die eine genauere Differenzierung der Böden möglich machen soll. Man unterscheidet zwischen Präfix-Qualifiern und Suffix-Qualifiern.

2.2.1 Präfix-Qualifier

Zu den Präfix-Qualifiern werden zwei Typen von Qualifiern gezählt. Die „typischerweise assoziierten Qualifier" sind solche die mit der RSG am häufigsten, und demnach am wahrscheinlichsten vorkommen. Oft handelt es sich um Merkmale die bereits bei der Beschreibung der jeweiligen RSG im Bestimmungsschlüssel als Kriterium herangezogen werden. Treten Merkmale auf die einen pedogenetischen Übergang zu einer anderen RSG anzeigen verwendet man „Übergangs-Qualifier". Dies sind Merkmale die auch für andere RSGs als typisch assoziiert werden.

2.2.2 Suffix-Qualifier

Merkmale die für eine RSG nicht als differenzierendes Kriterium herangezogen werden können werden als „andere Qualifier", oder eben seit 2006 auch als Suffix-Qualifier bezeichnet. Sie werden in ein achtstufiges System gegliedert, und beschreiben allgemeine Bodenmerkmale wie etwa die Bodenart, Bodenfarbe nach MUNSELL oder chemische und physikalische Eigenschaften.

2.2.3 Specifier

Tritt ein Qualifier-Merkmal in einer besonderen Ausprägung auf die es ermöglicht den Qualifier noch weiter zu differenzieren verwendet man Specifier (Tab.2).
Specifier beschreiben in erster Linie Tiefenbereiche und Intensitäten der verwendeten Qualifier. Eine Besonderheit stellt der „Thapto"-Specifier dar. Er kennzeichnet Qualifier die sich auf begrabene Bodenlagen beziehen und kann mit jedem in der WRB aufgeführten Qualifier kombiniert werden. Dies ist auch möglich wenn der Qualifier nicht für die entsprechende RSG vorgesehen ist. In diesem Fall wird er als letzter Suffix-Qualifier eingestuft.
Wenn das aufliegende Material auf erster Ebene klassifiziert wird, wird die begrabene Bodenschicht hinter die obere RSG gestellt und beide mit dem Zusatz „over" verbunden. Wird jedoch der begrabene Boden klassifiziert stellt man dem Namen des überlagernden Materials den Qualifier „Novic" voran.

Epi (..p): die Kriterien des Qualifiers sind mit der erforderlichen Mindestmächtigkeit in einer beliebigen Tiefe innerhalb von 50 cm unter der Bodenoberfläche erfüllt.

Hyper (..h): starke Ausprägung bestimmter Merkmale.

Hypo (..w): schwache Ausprägung bestimmter Merkmale.

Ortho (..o): typische Ausprägung bestimmter Merkmale (typisch in dem Sinne, dass sich keine weitergehende oder bedeutungsvolle Charakterisierung anbietet).

Para (..r): Ähnlichkeit mit bestimmten Merkmalen (z. B. Paralithic).

Proto (..t): Voraussetzung für die Entwicklung oder Frühstadium der Entwicklung bestimmter Merkmale (z. B. Protothionic).

Thapto (..b): begrabene Lage, die innerhalb von 100 cm unter der Bodenoberfläche beginnt und mit einem Qualifier bezeichnet wird, der auf einen diagnostischen Horizont, eine diagnostische Eigenschaft oder ein diagnostisches Material Bezug nimmt (z. B. Thaptomollic).

(Tab. 2: Einige Specifier des WRB-Schlüssels – FAO 2006)

8

3. Anwendungsregeln der World Reference Base

Im Grunde gibt es mehrere Möglichkeiten eine Bodenklassifikation durchzuführen. Beispielsweise ist es möglich über den vereinfachten Schlüssel aus Kapitel 2 die nicht in Frage kommenden RSGs auszuschließen, und die übrigen mit dem vorliegenden Profil zu vergleichen um auf eine RSG zu schließen. Um jedoch eine Klassifikation nach WRB Richtlinien durchzuführen gibt es einen klaren Ablauf wie vorgegangen werden soll. Diese Vorgabe verhindert einmal dass wichtige Merkmale übersehen werden, da alle in der WRB beschriebenen Parameter überprüft werden. Auf der anderen Seite wird so vermieden dass durch ungenaue Analyse des Standortes der vorliegende Boden einer falschen RSG zugeordnet wird. Abgesehen davon ist die WRB Methode, einige Erfahrung bei der Arbeit mit der WRB vorrausgesetzt, die schnellste und unkomplizierteste. Sie erfolgt in 3 Schritten.

3.1 diagnostische Horizonte, Eigenschaften und Materialien
(Schritt 1)

Zunächst wird das Bodenprofil mit allen diagnostischen Horizonten, Eigenschaften und Materialien die in der WRB aufgeführt sind verglichen. Wichtig ist dabei dass die beschriebenen Kriterien alle vollständig zutreffen müssen um den jeweiligen Parameter für den untersuchten Boden als diagnostisch werten zu können. Hierbei zeigt sich sehr schnell dass Erfahrung im Umgang mit der WRB unerlässlich ist, da es sich bei den diagnostischen Parametern um insgesamt 65 Einzelinformationen handelt, die alle systematisch abgearbeitet werden müssen. Erfahrene Anwender können von vornherein einen Großteil der nicht passenden Diagnostika ausschließen, wodurch natürlich eine immense Zeitersparnis möglich ist. Treten mehrere diagnostische Horizonte, Eigenschaften oder Materialien auf die auf das Profil zutreffen gelten diese als Überlappend oder zusammenfallend, das heißt bei der Bestimmung der RSG sind alle diagnostischen Parameter gleich zu behandeln, unabhängig davon in welcher Reihenfolge sie in der WRB aufgeführt werden.

3.2 Schlüssel zu den Referenzbodengruppen
(Schritt 2)

Alle in Schritt 1 ermittelten Diagnostika werden nun mit dem Schlüssel zu den Referenzbodengruppen der WRB verglichen. Die FAO empfiehlt den Schlüssel systematisch von Anfang bis Ende durchzuarbeiten, und den Boden der RSG zuzuordnen deren Beschreibung als erste vollständig mit den ermittelten diagnostischen Horizonten, Eigenschaften und Materialen übereinstimmt. Der Schlüssel ist so konzipiert dass alle RSGs die nach der zutreffenden RSG aufgeführt werden, nicht mehr in das typische Merkmalsmuster der jeweiligen RSG passen, das heißt eine weitere Überprüfung des Schlüssels ist unnötige Zeitverschwendung. Mit der Bestimmung der RSG hat der Nutzer die erste Ebene der WRB-Klassifikation erreicht und muss nun versuchen den Boden noch genauer zu differenzieren.

3.3 Verfeinerung durch Qualifier
(Schritt 3)

Um nun die Merkmale des Bodens genau beschreiben zu können werden der RSG Qualifier zugeordnet. Die für eine RSG möglichen Qualifier stehen im Schlüssel direkt neben ihr aufgelistet, und zwar getrennt nach Präfix- und Suffix-Qualifiern, und in der Reihenfolge der am wahrscheinlichsten auftretenden Merkmale. Je weiter man die Liste bei den Präfix-Qualifiern nach unten verfolgt desto eher handelt es sich um solche die einen Übergang zu anderen RSGs darstellen

(Übergangs-Qualifier; siehe Kap.2.2.1). Als letzter ist der „Haplic"-Qualifier aufgelistet, der nur dann verwendet wird wenn keiner der anderen Qualifier zutrifft.

Der Bearbeiter arbeitet nun die ganze Liste von Oben nach Unten ab und vergleicht die Bodenmerkmale mit den beschriebenen Kriterien. Auf der zweiten Ebene der WRB-Klassifikation sind häufig genaue Angaben über chemische und physikalische Bodeneigenschaften nötig. Daher ist eine vollständige Klassifikation nur mit Hilfe von Laboranalysen möglich, auch wenn die WRB versucht eine möglichst genaue Bestimmung im Gelände zuzulassen. Alle zutreffenden Qualifier werden der RSG hinzugefügt.

Präfix-Qualifier stehen stets vor der RSG, und zwar gemäß ihrer hierarchischen Gliederung im RSG Schlüssel von Rechts nach Links angeordnet. Das heißt dass die Qualifier die im Schlüssel am weitesten oben in der Liste stehen dem Namen der RSG am nächsten stehen (Beispiel: *Vitric Fulvic Andosol*). Die Suffix-Qualifier sind rechts neben die RSG zu schreiben, und zwar in einer Klammer und durch Kommata getrennt. Auch hier steht der Listenhöchste Qualifier am nächsten an der RSG, also von Rechts nach Linksgeordnet (Beispiel: *Vitric Fulvic Andosol (Colluvic, Turbic)*.

Specifier können noch zusätzlich herangezogen werden um die Verfeinerung durch Qualifier auf ihre Intensität und Tiefenlage noch genauer zu beschreiben. Beginnt ein *Petric-Horizont* beispielsweise innerhalb der ersten 50cm unter der Geländeoberfläche kann er durch den Zusatz *Epipetric* genauer charakterisiert werden. Bei den Specifiern sind auch dreifach Kombinationen zulässig, z.B. *Epihyperpetric* für einen Epipetric-Horizont mit starker Ausprägung mancher Merkmale des Petric-Horizonts.

Zusammenfassung

Der Versuch eine einheitliche Sprache der Bodenkunde weltweit zu finden war ein sicher erfolgreiches, aber auch nicht ganz einfaches Unterfangen. Die lange Zeitspanne die bis zur vorlegenden Version vergangen ist, sei ein deutliches Zeichen dafür. Die Verknüpfung der Informationen und die Zusammenarbeit der Bodenkundler weltweit wurde durch die WRB aber deutlich verbessert. Bis zum Jahre 2014 besteht ein erneutes Änderungsverbot für die WRB, um dann auf dem IUSS Kongress über eine neue Auflage zu diskutieren. Bis dahin wird die WRB wieder ausgiebig im Gelände getestet, und auf Tagungen diskutiert. Der Boden ist ein sehr wertvolles Gut für die Versorgung der Menschen dieser Welt, und um ihn erhalten und schützen zu können muss man ihn richtig verstehen, und dann nur noch die gleiche Sprache sprechen – die WRB!

Literaturverzeichnis:

- IUSS Working Group WRB (2007): World Reference Base for Soil Resources 2006. Erstes Update 2007.Deutsche Ausgabe, - Übersetzt von Peter Schad. Bundesanstalt für Geowissenschaften und Rohstoffe (Hrsg.), Hannover.

- van Reeuwijk, L.P. (Hrsg.) (2002): Procedures for Soil Analysis. Sixth Edition. International Soil Reference and Information Centre, Wageningen (NL).

- FAO (Hrsg.) (2006): Guidelines for Soil Description. Fourth Edition. Chief Publishing Management Service Information Division FAO, Viale delle Terme di Caracalla (Italy).

- Scheffer, F. / Schachtschabel P. (2002): Lehrbuch der Bodenkunde. 15. Auflage. Spektrum Akademischer Verlag, Heidelberg-Berlin.

- Blum, Winfried E. H. (2007): Bodenkunde in Stichworten. 5. Auflage. Hirts Stichwortbücher. Borntraeger, Stuttgart.

- Zech, W./Hintermeier-Erhard, G. (2002): Böden der Welt. Ein Bildatlas. Spektrum Akademischer Verlag, Heidelberg-Berlin.

Internetquellen:

World Soil Resources Map
- http://www.iiasa.ac.at/Research/LUC/GAEZ/landres/soilres.htm

FAO Map – Soils of the World
- http://geo.bildungszentrum-markdorf.de/fortbildung/pictures/Weltbodenkarte_FAO.gif

FAO World Reference Base for Soil Resources
- www.bgr.bund.de/DE/Themen/Boden/
-
Bodenkundliche Organisationen

- ISRIC: International Soil Reference and Information Centre - www.isric.org

- FAO: Food and Agriculture Organization of the United Nations – www.fao.org
        (Welternährungsorganisation der Vereinten Nationen)UNESCO: UN Educational, Scientific and Cultural Organization
        (Organisation der UN für Erziehung, Wissenschaft und Kultur) –
www.unesco.orgIUSS: International Union of Soil Sciences
        (Internationale Bodenkundliche Union) – www.iuss.org

UNEP: United Nations Environment Programme
        (Umweltprogramm der Vereinten Nationen) – www.unep.org